红木家具 全屋定制

蒲剑 著

U0364182

江苏凤凰美术出版社

目录

第一章

红木家具

全屋定制概述

一、红木家具全屋定制的介绍

红木家具全屋定制是将红木文化、中式风格和全屋定制的理念在空间设计中兼收并蓄、融会贯通，再结合到现代人的家居生活之中，让人能够感受到中式风格的历史文化气息。红木家具贴近自然的特点，全屋定制带来的和谐统一，处处彰显着大家风范，为我们带来视觉的盛宴和心灵的宁静，从而打造出一个温馨舒适的栖居家园。

◎ 1. 红木文化

红木可以专指一类木材包括紫檀、红酸枝、黑酸枝等，也可以指用红木做成的红木家具及其他制品。由于本书主要介绍红木家具全屋定制方面的内容，因此红木在这里特指用红木制成的固定家具和活动家具。

红木家具之所以会受到人们的青睐，是因为它的结构牢固、木纹形态多变、色泽温润敦厚、制造工艺巧夺天工、家具造型优美，是传统文化的象征，也是中华民族的瑰宝。

红木文化之所以能够在市场上广为流行，是因为这种文化从古至今，在我国经历了几百年的历史。朝代的更替也赋予了它们外观的演变以及精神的寄托，这些特征可以让人们在心底里产生共鸣。

中华民族五千年的文明史，造就了辉煌灿烂、博大精深的民族文化。作为传承华夏文化的重要载体之一，红木家具的设计理念自然深受传统文化的影响，其对家具材质的选择及运用、家具的结构造型等无不体现出我国传统的哲学思想、儒家学说。

◎ 2. 中式风格

中式风格并非完全照搬明清时期的复古设计，而是通过中式古典风格的主要特征来展现出中式风格，表达了对清雅含蓄、端庄典雅的东方式精神境界的追求。现在的中式风格装修设计融入了现代时尚的元素，把传统的中式元素通过重塑的形式设计组合在另一种中式装修风格中。

中式风格的特征是庄重与优雅并存。中国传统文化讲究平和中正，体现出中国严谨的伦理观念，而且中式家居环境讲究主次分明，追求合理的空间布局和家具摆设方式，具有历史沉淀的庄重和优雅。此外，中式风格的家居空间非常强调融于自然，注重人与空间的关系。在这种追求人与自然融合共生的理念下，室外环境可视为室内空间的延伸，让人在家居空间内也能感受到室外的自然景致。

◎ 3. 全屋定制

全屋定制可以说是为了解决传统装修遗留的问题而生的，无论是从功能上还是美学上都上升到了另一个阶段，代表着当下装饰行业最新的潮流。它不仅实现了家居风格的协调统一，还从设计、选材、规格、色彩，再到功能的完善，这些个性的体现都有了更好的提升。

就像现在定制服装行业之所以能蓬勃发展，是因为工厂追求规模效应，尽量做到标准化，可是每个人的高矮胖瘦、身形比例各不相同，对于有追求、注重生活品质的人来说，就很难将就，只能选择定制。而如今的室内装饰行业设计也相对大众化，很难满足个性化要求。很多家具在展厅里格调优美，一旦搬到具体的家里却黯然失色，不是尺寸与房屋空间不符，就是款式与整体装修风格不协调。全屋定制则可以为广大消费者提供个性化的家具定制服务，包括整体衣柜、整体书柜、酒柜、鞋柜、电视柜、步入式衣帽间、入墙衣柜、整体家具等在内的多种产品。全屋定制家具也成了众多家具厂商推广产品的重要手段之一。

综上所述，红木家具全屋定制，就是以红木为主要材料，运用独特的生产工艺把中国几千年的居住文化融于其中，同时兼顾现代人生活所追求的舒适感与惬意度，并根据业主的诉求量身打造的居住空间。

二、红木家具全屋定制的特点

由于红木家具全屋定制属于高端私人定制，不能单纯地考虑性价比的高低、是否经济实用，而是主要从文化内涵、呈现效果等更高层次来表达。

◎ 特点一：呈现深厚的文化底蕴

随着中华民族的伟大复兴，中国传统文化也迎来了回归。在室内装饰行业，消费者也将目光从学习西方，转而投向先人为我们留下的文化瑰宝。

红木家具可以说是最能体现传统文化精神内涵的载体之一，无论是在空间的划分、家具的摆放上，还是在意境的营造上都体现出儒家礼制思想的秩序观、道家天人合一的世界观、佛家的顿悟与静默之美。红木家具不仅满足人们对居住空间的功能需求，也是陶冶情操，净化心灵的精神港湾。

◎ 特点二：完美地融入东方美学

中国传统家居设计非常重视空间的层次感和通透感，因此可以使用红木制作的窗格、屏风、博古架等元素对空间进行分隔、框定，有大而不空、显而不透、厚而不重等特点。

红木家具端庄大气的对称式设计，反映了中国人独有的平衡思想，而且还能加强家居环境的稳定感，给人以协调、舒适的视觉感受。它还可以借鉴中国园林步移景异的设计手法，让平淡的空间增加更多的维度，如运用月亮门、木雕屏风、镂空雕花、博古架等红木元素。

◎ 特点三：符合高品质中式生活的需要

象征中国古代文人雅致生活的元素有琴、棋、书、画、诗、酒、茶，而红木家具的诞生则与宋明时期精致典雅的士大夫文化有着千丝万缕的联系，这与新时代快速发展的精英文化相吻合。当代精英人士普遍拥有良好的教育，他们当中的很多人具有高雅的审美趣味，更喜欢静心思索，喜欢能够体现典雅生活的家居环境。这就需要设计师在设计空间时要更加贴合他们的生活方式，比如设计书房、茶室等，而这些空间里不可或缺的就是红木家具的运用，通过红木家具所传达出的意境达到他们想实现的效果。

◎ **特点四：呈现奢华大气的颜值**

俗话说"无中式，不贵气"，这用在红木家具全屋定制上是再合适不过了。红木呈现的木纹形态多变，比如波浪纹、虎皮纹、鬼脸纹、山水纹等，在框架结构的展示下，如同一幅抽象的山水画。红木的色泽温柔敦厚、低调奢华，红木家具的漆面不是那种光芒四射，而是像中国的玉石一样，内敛而温润。颜色有缅甸花梨的橘红色，这是中国人都喜欢的喜庆色，还有东非酸枝的紫红色，其中性的色调彰显低调奢华感。此外，体现大国工匠精神的雕刻工艺、榫卯工艺等都是其他材料和工艺无法替代的。我们在设计高端奢华的空间时，可能一不小心就沦为媚俗，而采用红木家具全屋定制便能自带高端奢华的属性。

随着人们生活品质的提升，消费者对家具的需求不再拘泥于实用性，他们对造型和个性的要求也日渐凸显。红木家具全屋定制既可以合理利用空间，又可以根据装修风格选择更合适的材质、款式以及颜色，从而让家具与装修协调，风格更合拍，还能根据业主的个性以及生活习惯量身定制，充分体现业主独特的品位以及生活态度。

三、红木家具全屋定制的流程

红木家具价格不菲，一旦购买可能会使用多年，所以作为业主，了解清楚红木家具全屋定制的流程是十分必要的！

◎ **第一步：货比三家，择优选择**

人人都追求物美价廉，但是绝不能有贪便宜的心态，"货比三家"比的不仅是价格，更是各家具生产厂家的空间设计能力、生产能力、安装能力和服务口碑，最好还能去考察该公司的全屋定制样板间，这样才能做到放心、安心、舒心。

◎ **第二步：上门量房，前期介入**

流程的第二步是上门量房。选好了定制公司之后，设计师就会上门量房，初步描绘出房子的空间布局图，以及各个空间、各种结构的尺寸。一般来说，全屋定制设计师在家装设计前期就会介入，这样才能够保证家具与空间尺寸合理、风格统一。

◎ **第三步：量身定制，提交方案**

在量好空间尺寸之后，全屋定制设计师就会和业主深入交流。这时业主可以根据自己的经济条件，对用材、风格、配色等方面的个性化需求向设计师提出自己的意见，便于设计师准确制作出效果方案。

◎ 第四步：反复推敲，确认方案

在设计师根据业主需求提交初步方案后，业主须当面和设计师确认，这是至关重要的一步。在业主表达自己对定制的需求后，设计师根据业主的描述，通过效果方案具象地表达出来。但这中间难免会有些许出入，业主需要和设计师积极沟通，确保收获最满意的效果方案。

◎ 第五步：上门复尺，深化设计

确认好方案之后，设计师会上门复尺，根据效果方案对前期测量的空间和结构尺寸进行复核，比如房高、房宽、地面处理等情况。

上门复尺这个环节也是关键一步，因为确认好方案后，工厂就要深化设计并安排生产制作了。

◎ 第六步：生产制作，全程监督

确认好效果方案、上门复尺、深化设计这些步骤之后，就可以进行生产制作了。品牌公司往往会在制作过程中，实时保持与业主的互动，如选择什么样的材料、生产出品的成色如何、生产制作进行到哪一步了等。

◎ 第七步：上门安装，严丝合缝

生产完成后，全屋定制公司会安排专业的师傅上门安装。红木家具安装的核心是运用榫卯结构将各个部件和结构严密连接。业主也需要在安装的过程中安排监督和跟进，一起完成全屋定制的"最后一公里"。

◎ 第八步：家具配置，软装搭配

安装完所有的定制红木家具后，专业的全屋定制公司还会提供家具和软装的搭配服务，为业主提供活动家具、软装配饰等专业化的搭配方案，更讲求空间的一体化呈现效果。

四、红木家具全屋定制与其他全屋定制的区别

◎ 1. 板式家具定制

由于板式家具的材料性能及生产加工过程具备工艺简单标准化、产品模块系统化、制作流程机械化等几大特征，使其形成了一体化生产流程，大大节约了劳动力。它最直接的优势体现在操作培训时间短、上岗快、产品能量产、生产时间短、商品变现快、客户沟通成本低，从而使板式

家具定制产品的生产厂商、服务经销商较容易和客户签单成交。而对于更高的设计需求、个性化的呈现是板式家具定制无法满足的。

◎ 2. 实木家具定制

　　实木家具全屋定制是为消费者提供一整套实木家具的整体解决方案。实木家具定制的特点是可以实现家居装修的系统性、个性化，也就是可以进行整体设计。它给业主带来的便利之处在于材质、风格的统一，对于那些喜欢实木家具的客户来说，可以一站式购齐所有家具，省时省力，

还可以充分利用室内空间。

◎ 3. 红木家具定制

　　红木家具定制属于高端私享定制，客户对产品质量、产品艺术性、产品价值、产品设计专业性等要求极高。客户想要的产品，厂家要想尽办法来实现。红木家具定制的个性化需求多种多样，不能实现生产模块化、流程机械化，施工现场环境复杂，导致生产周期长、客户沟通成本高、生产流程多、技术落地难等问题。

五、红木家具工厂的生产流程

◎ 1. 绘图列出料单

　　设计师依据经典明式家具原型绘制图纸，并将异形曲线部分制作成比例 1：1 的模板，然后根据图纸列出家具材料单。材料单需精确列出这件家具所需材料的数量和尺寸。

◎ 2. 裁料

　　根据家具款式图纸，对原木进行挑选，像罗汉床、大尺寸画案或需要独板制作的家具选用大口径原木，要求纹理及颜色均匀顺畅。再根据料单记录的不同规格合理搭配，科学规划，选择合适的原材料。

◎ 3. 锯板

　　将上一环节选出的原木材料送至锯板车间进行加工，

切割成相应规格的板材，锯板时注意木材纹理的方向，并按照顺序做标记码放。

◎ 4. 干燥

　　木料的含水量直接关系到家具对所在地的季节变化的适应性，进而影响家具的品质，所以干燥处理是保障红木家具高品质的基础。干燥处理分常规干燥和真空干燥两种，常规干燥利用锅炉汽干原理，真空干燥利用真空吸干原理，最终使木材含水率为 8%~12% 方可使用。

◎ 5. 选料配料

　　选料、配料这一环节，直接影响到家具的美观与使用。合理科学地搭配材料能够制作出更加有魅力的家具。选料和配料的过程主要是根据家具制作的不同部位，选

择合适的材料，要特别注意木材的纹理、颜色和用材的大小。

◎ 6. 木工

开料之后的木材要先进行刨平再交给木工师傅。刨平时要顺着木材纹理的方向进行，并且用力要均匀。刨平加工好的精料要按照相同的规格码放在一起，避免存放时间过长产生变形。

○ 木工环节 1：领料备料。木工环节首先要根据厂长下达的工作安排，按照料单领取精料，对精料进行核对，确认无误后进行下一步工作。

○ 木工环节 2：开榫卯。红木家具通过榫和卯的结合进行木件之间多与少、高与低、长与短的巧妙组合。红木家具榫卯精密、坚实牢固，开榫卯环节势必要严谨准确、精益求精。

○ 木工环节 3：认榫。认榫是指将开好榫、凿好眼的部件木料，组装成一个相对独立的结构部件单元，目的是检查榫卯是否严谨，是否有歪斜或翘角等情况。榫卯部位要平整，要进行严口、净口的修整，确保每一个结构部件单元的表面都严格符合尺度规定，榫卯做到不紧不松。

◎ 7. 雕刻

明式家具雕刻艺术寓于造型之中，精练扼要而不失朴素大方，以清秀雅致见长，以简练大方取胜。明式家具的装饰手法善于提炼，精于取舍。雕刻的部位大多在家具的背板、牙板、围子等处，通常仅做小面积的雕刻，但细致精巧的装饰会更加引人注目。

◎ 8. 组装工序

组装在木作行业里叫"攒活儿"，在小部件的组装中要用到一种叫"攒斗"的工艺，"攒斗"是行业术语。利用榫卯结构将许多小木料拼成各种几何形纹样，或组成大面积的装饰板，这种工艺叫"攒"；用雕刻而成的小木料簇合成花纹的工艺叫"斗"。这两种工艺常结合使用，所以叫"攒斗"，南方工匠称作"兜料"。

◎ 9. 刮磨

刮磨师傅使用各种型号的刮磨刀将家具表面无死角地刮磨处理，使家具面框、面板平整顺滑，家具曲线转折处顺畅平滑；起线、牙板等部件立体清爽。刮磨时按设计图样通过铲底、理顺边线、拉花、雕刻纹样等，做到跟脚清、花叶活泛、层次清晰、有立体感。

◎ 10. 打磨

组装好的家具还需要将表面用砂纸进行打磨处理。打磨时把砂纸卷成圆锥状，这样可以将表面的各个部位都打磨到位，打磨的时候要用 180 号、240 号、320 号、600 号、1500 号、2500 号、3500 号等不同粗细的砂纸分别依次打磨多遍，目的是把家具表面打磨光滑。

◎ 11. 烫蜡或上漆

烫蜡之前先在家具表面涂一层木器防爆剂，这样可以锁住家具的水分，然后在阴凉处放置一天。晾干之后用 400 号砂纸进行打磨，接着再用 1000 号砂纸进行打磨，使家具更亮、更细腻、更有质感。打磨完成后用刷子将浮尘刷掉，然后用吹风机将表面吹干净。选用天然蜂蜡放入铁桶内加热，等蜂蜡熔化后，用柔软的纯棉布均匀地在家具表面擦磨，待蜂蜡凝固后用木刀刮掉家具表面的蜂蜡。然后用热风枪吹家具表面，边吹边用棉纱反复擦拭，让蜂蜡能够渗入家具。最后再用木刮刀清理、棉纱擦拭，直至家具表面没有蜂蜡残留。

上漆工艺需要的时间较长，一般都要上好几次生漆，上一次漆阴干一次，整个过程下来至少需要 15 天左右的时间。

六、红木家具的榫卯结构

榫卯结构是红木家具的灵魂，凸出部分叫榫（或榫头），凹进部分叫卯（或榫眼、榫槽），既不用铁钉，又不破坏木质本身的生长结构，依靠测量、切割、打磨、安装等纯手工制作，在相连接的两个构件上采用凹凸结合的处理方式，完成一件家具。其构造方法主要有三种：

第一种主要是做面与面的拉合，也可以是两条边的拼合，还可以是面与边的交接构合，如"槽口榫""企口榫""燕尾榫""穿带榫""扎榫"等。

第二种是作为节点的结构方法。主要用于作横竖材丁字接合、成角接合、交叉接合，以及直材和弧形材的伸延接合，如"格肩榫""双榫""双夹榫""勾挂榫""楔钉榫""半榫""通榫"等。

第三种是将三个构件组合在一起并相互连接的构造方法，这种方法除应用于以上常规的一些榫卯联合结构外，更多地应用在一些更为复杂和特殊的做法上，如"托角榫""长短榫""抱肩榫""粽角榫"等。

各个部件的连接方式示意如下：

·粽角榫·

·插肩榫·

·高束腰抱肩榫·

·马蹄足加托泥·

·攒边打槽装板·

·夹头榫·

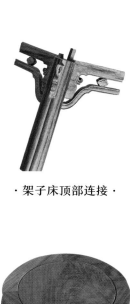

·架子床顶部连接·

·直材交叉接合·

·圆柱丁字接合榫·

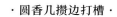

·圆香几攒边打槽·

·带板棕角榫·

·圆方接合裹腿·

·抽屉燕尾榫·

·柜子底枨·

·抄手榫·

·厚板闷榫角接合·

·圆柱二维直角交叉榫·

·椅腿部接合·

第二章

红木家具

全屋定制五大风格

壹 盛世华彩风

馨香苑 ◎ 满庭芳 ◎ 花间阁 ◎ 福祥居 ◎ 灵芝堂

馨香苑

"芙蓉金菊斗馨香"。红木好比芙蓉,大理石好比金菊。本案主色浓丽,确定了空间的情感基调,辅助色和谐雅致,作为主色的映衬,淡中生艳,增加其高贵清和的审美趣味。以宫廷风为代表的中国古典建筑的室内装饰设计艺术风格,表现为高空间、大进深、气势恢宏;造型讲究对称,色彩讲究对比;装饰材料以木材为主,图案多雕为龙、凤、龟、狮等,瑰丽奇巧。

○ 中堂1

○ 中堂 2

○ 中堂 3

○ 中堂 4

● 中堂 1 ～ 中堂 4

大果紫檀定制中堂作为对外宴请宾客或者是礼教晚辈的场所，整个气势是非常壮丽的。以八仙桌为中轴线，两边成对称的布局，正上方的深雕松鹤，有万古长青之寓意。

中堂家具，经典的陈设是八仙桌，两边是灵芝太师椅，后面是翘头案，边上再配以高花几。

○ 茶室1

● 茶室 1、茶室 2

茶室中在茶台前后都定制了博古架，使得空间空灵有序，茶台也使用与空间相匹配的 2.6 m 长的大茶台，端庄大气。墙体的护墙板雕有梅兰竹菊四君子图。

○ 餐厅1

○ 餐厅 2

● 餐厅 1 ~ 餐厅 3

　　餐厅定制直径 2 m 的大圆桌并配以官帽餐椅，呈现了对称、简约、大气的特点。格调雅致、文化内涵丰富，体现了业主较高的审美情趣与社会地位。

○ 餐厅 3

○ 卧室 1

● 卧室 1 ~ 卧室 3

　　卧室采用双月洞门架子床，使用榫卯结构连接，结构坚固，
大大提升了家具的收藏价值。圆弧曲线的优美造型、梅花纹样的
镂空雕花是中国古典之美的体现，与床头背景墙的镂空花格相得
益彰，完美地诠释了中式浪漫。

○ 卧室 2

○ 卧室 3

○ 书房 1

● 书房 1、书房 2

　　红木组合定制书柜比普通书柜更高，更显高档大气，柜内珍品一目了然。层板厚实，承重力强，给予书籍和藏品稳稳的依托。柜门以梅兰竹菊为题材，寓意人们对君子品质的追求。

○ 书房 2

满庭芳

　　"日出江花红胜火，春来江水绿如蓝。"本案采用了红木特有的艳丽而温暖的色彩搭配，可以极大地提升居住者的心理愉悦感。其制作工艺复杂，选材高端稀有，呈现雍容华贵的氛围。盛世华彩的设计灵感源于古代建筑与服饰中古典奢华的皇家风范，其中华丽的纹样、繁复的雕饰、浓重的色彩散发着浓郁的美学气息。这一件件家具，更是一个个艺术品，彰显业主独一无二的气质与品位。

○ 客厅1

○ 客厅3

○ 客厅 4

○ 客厅 5

● 客厅 1 ~ 客厅 5

别墅大厅沙发背景墙使用自下而上的大面积书柜，让空间看上去优雅而富有书卷气。大果紫檀特有的橘红色以及亲切的气质也符合中国人的审美。

○ 餐厅 1

● 餐厅 1、餐厅 2、厨房

　　餐厅与厨房采用符合现代人生活习惯的开放式布局，促进了两个空间的交流。大圆台与官帽椅的搭配，显得温柔敦厚又不失轻巧，诠释了中式的浪漫情怀。大果紫檀特有的香气弥漫于空气中，活色生香的感觉就是如此吧。

○ 餐厅 2

○ 厨房

○ 卧室及衣帽间1

● 卧室及衣帽间1 ~
卧室及衣帽间4

　　卧室及衣帽间的温馨设计，给人一种温暖的包围感，休息的同时还能享受红木带给人的宁静。在这个利用自然纹理构筑的空间里，红木整装的卧室有一种亲切平和的感觉。

○ 卧室及衣帽间2

○ 卧室及衣帽间 3

○ 卧室及衣帽间 4

花间阁

"花间一壶酒，独酌无相亲。"花间阁的名字一听就让人心向往。本案使用了大量红木材质来修饰环境，配以为全屋空间量身定制的高品质红木家具，达到了整个空间材质统一、色彩统一、线条统一、纹样统一的效果，形成完整、完美的高品位生活空间。红木整装华丽、沉稳、含蓄而又不失雍容华贵，文化底蕴在中式风格的设计里展示得淋漓尽致。

○ 客厅

○ 客厅 2

● 客厅 1 ~ 客厅 3

整体统一的客厅空间，用料厚重而扎实，造型华美而别致，在不动声色中尽显恢宏大气、古韵高雅。浑厚沉稳的红木沙发放在厅内，宏大的氛围感油然而生，通往各个空间的通道均使用博古架包垭口的方式，产生隔而不断、通透开放的效果。

○ 客厅 3

○ 玄关 1

● 玄关 1、玄关 2

　　进入一户人家的住宅时，玄关的气质决定了人们对整个住宅的第一印象，以及对主人性格和品位的评判。红木条案、青松、山石以及中正的格局让本案空间彰显出温柔敦厚的东方文化气韵，家的格调也由此奠定。

○ 玄关2

○ 茶室1

○ 茶室 2

● 茶室 1、茶室 2

古人云"茶宜精舍"。茶室临窗而置，并将山水之趣定格于此，也为空间嵌入了清浅的东方雅韵。此间，虽无松涛名泉做伴，但有月影风清来陪，别有一番情趣。

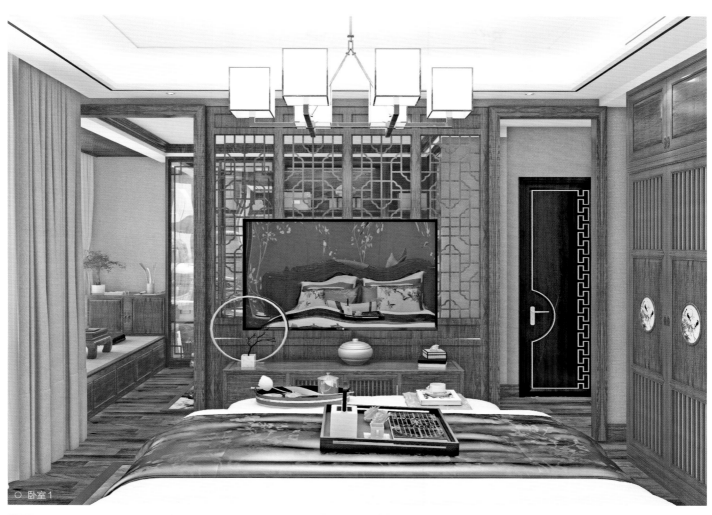

○ 卧室 1

○ 卧室 2

○ 衣帽间

● 卧室 1、卧室 2、衣帽间

宽敞的卧室与衣帽间相连，中间以中式屏风为隔断。衣帽间另设有定制的榻榻米，可以尽情在此饮茶、看书、发呆，享受慢生活。

红木散发的气味具有镇静、宁神的功效，红木床品可以给业主带来静谧舒适的睡眠体验。床头柜精致小巧，卧室内每一处细节的设计都带着对舒适自然的美好追求。

福祥居

　　"种得门阑五福全，常珍初喜庆华筵。王环醉拍春衫舞，今见康强九九年。"本案旨在打造出中国古代文人追求的吉祥处所，对"福"字更是情有独钟，它代表着幸福、长寿、富贵、健康之意，造就了中国独特的福文化。在众多居室空间中，红木家具是中国传统文化的载体，亦是福文化的展现者。它从型、材、艺、韵四个方面呈现出福文化的活力和魅力，寄托了人们的美好憧憬。因此将红木家具陈设于中式装修风格的居室中，极为巧妙地提升了空间韵味，更使福文化在人们生活中得到传承与发扬。

○客厅1

○ 客厅 2

○ 客厅 3

○ 客厅 4

○ 客厅 5

○ 客厅 6

● **客厅 1 ~ 客厅 6**

客厅宽阔敞亮，走进环顾四周，挑高的设计使得空间格外开阔，极具视觉冲击力和精神感染力，不禁使人的胸怀也宽广起来。十件套的大果紫檀红木沙发厚重感十足，且雕花精美绝伦，彰显了主角的地位。红木与高档石材的搭配碰撞出贵族般的雍容与高贵。

○ 茶室1

○ 茶室 2

● 茶室 1、茶室 2

　　清新雅致的茶室，在空间美学上也不乏浪漫，如灿然绽放的莲花，散发出淡淡的清香。整个空间既有自然清新之美，又有田园恬淡之趣，同时在艺术上也达到了新的境界，让人产生无限的遐思和向往。

灵芝堂

"海上求仙客，三山望几时。焚香宿华顶，裛露采灵芝。"灵芝有着吉祥如意的寓意，象征富贵、美好和幸运，可以说是我国独有的祥瑞之物。本套别墅在设计中大量使用了灵芝等吉祥纹样，代表着美好的希望和祝福。空间设计从红木的自然属性入手，将红木的质地、光泽、色彩、组织、意蕴与空间的形式、景观相呼应。移步换景的设计手法，或左或右，皆是丰富多变的视觉层次。

○ 客厅 1

○ 客厅 2

客厅 3

● 客厅 1 ~ 客厅 3

客厅运用红木营造出古典之美。电视墙左右两排书柜赋予空间书卷气，又与沙发背景墙遥相呼应。壁灯与中国风的绿植，将传统美感展现得恰到好处，再加上经典款式的红木家具，沉稳内敛，使整个客厅搭配得十分自然，既宽敞通透又具层次感。

窗帘的选择也十分重要，为了突出飘逸感又增加一层纱帘，随风舞动时美不胜收。

○ 祠堂 1

○ 祠堂 2

○ 祠堂 3

● 祠堂 1 ~ 祠堂 3

别墅坐落于南方，南方人的家族观念比较强，因此在坐北朝南的方位上设立祠堂。红木定做的祭台、供桌和祖先的牌位，都体现了中国人几千年的祭祀礼仪，也承载了后辈对家族和睦安康、五谷丰登、万事如意的美好期盼。

● 茶室

　　茶室采用简洁的设计、端正的布局，运用光影演绎一个优雅的品茗之所。空间中以深色黑酸枝配以山水纹大理石，再搭配上古色古香的器皿，为现代人营造一处宁静优雅的休憩之地。淡中有味茶偏好，清茗一杯情更真。低下头，茶中有诗，是远方；抬起头，是浓浓的烟火气息。高矮远近皆对称，这才是生活的平衡之美。

○ 餐厅 1

○ 餐厅 2

● 餐厅 1、餐厅 2

　　厨房与餐厅相连，采用开放式的布局，层次分明，丰富了用餐环境。加之复古吊灯的点缀，让餐厅在舒适之余更具轻奢感。背景墙上的传统画作加上红木装饰的边框，避免空旷感。整个空间散发出一种舒适、一种家的温馨。

○ 起居室

○ 卧室

● 起居室、卧室

　　卧室与起居室相连，形成一个私密又开敞的空间。偏新中式的架子床带来了优雅和浪漫，与衣柜的色调、造型统一，两者相映成趣。

贰 庄重典雅风

曲院风荷 ◎ 香山小筑 ◎ 书香世家 ◎ 璧月堂 ◎ 听香园

曲院风荷

"六月荷花香满湖，红衣绿扇映清波。木兰舟上如花女，采得莲房爱子多"。这是一首描写西湖的诗，而中国文化的妙处，正是在那形式之外妙香远溢的世界中，而形是走向这世界的引子。

在空间结构及组合方式遵循均衡对称的原则上，在继承与发扬传统中式美学的基础上，以现代人的审美眼光来打造富有传统韵味的空间，让现代家居呈现简单、舒适、大气、高雅的一面。这不仅是古典情怀的自然流露，同时也展现了现代人所向往的高品质的生活方式。

◯ 玄关

● **玄关**

玄关处利用山石与绿松的精巧景观摆件，营造出山水画的意境，镂空窗花达到了移步换景的效果。

○ 客厅 2

● 客厅 1、客厅 2

客厅沙发背景墙中点线面的穿插、方与圆的融合，丰富了空间的层次感和韵律感。黄铜质感的灯具与水墨晕染纹理的丝绒地毯形成强烈对比，活跃了空间氛围。

○ 博古架1

○ 博古架2

● 博古架 1、博古架 2

古色古香的博古架隔断是中式家居最具代表性的灵魂元素之一。它的装饰性很强，其隔而不断、若有若无的艺术特点，使之发挥了分隔、美化、协调等多重功能，为空间营造出独特的朦胧之美，也是将中国古典园林的"移步换景"手法应用于室内空间的体现。

○ 餐厅1

● **餐厅 1、餐厅 2**

圆形的多层天花造型与红木圆台相呼应，通往厨房的移门与两侧的酒柜浑然一体。清雅、复古的装饰艺术灵活多变，富有层次感，让整个空间呈现出尊贵的品质。在设计手法上，以厚重浓郁的复古中式装修元素为基础，精雕细刻，雅然成趣。

餐厅

● 茶室1、茶室2

东方生活，以茶见雅。体现茶文化的茶室历经精细考量，删繁就简，以"天圆地方"的格局而见哲思，独具特色的造型和设计得当的比例，将几何美学和黄金分割运用到了极致。

茶椅形制考究，纯榫卯结构组合而成，线条优美精致，犹如置身江南园林，宁静淡泊，儒雅之至，以江南传统人居文化烹茗把盏，好不悠然自得。

○ 茶室1

○ 茶室2

○ 卧室 1

○ 卧室 2

● 卧室 1、卧室 2

卧室床旗上重复出现的树叶图案与地毯上的梅花图案及墙面硬包上的水墨画，形成了富有规律的变化关系。卧室所用家具为东非酸枝材质，造型洗练，落落大方，形象浑厚，具有庄重、典雅的气质。

香山小筑

"空山寂静老夫闲，伴鸟随云往复还。家酝满瓶书满架，半移生计入香山。"这正是古人追求的风雅。本案是一幢坐落于深山中的四合院，在设计上讲究古朴雅致的风格，加入了素雅的室内墙体、大理石铺设的地面，搭配亮丽的软装，并在多处点缀雕刻装饰，从多方面把握空间融合，让中式古典装修风格的传统意蕴从细节上凸显出来。身处这样的空间，让人尽享温馨雅趣、惬意悠闲。

○ 客厅1

○ 客厅 2

● 客厅 1 ~ 客厅 4

　　客厅格调高雅、造型优美，整体气质平和内敛、古朴雅致，流露出中国传统文化的底蕴。细节中又流露着时尚气息，以现代东方美学的观念控制节奏，循序渐进，尽显大家风范。提子宝座沙发精雕细琢，惟妙惟肖，沙发表面经过精心打磨，圆润而富有层次，同时兼具承重力强的实用性。

○ 客厅 3

○ 客厅 4

○ 中堂 1

○ 中堂 2

● 中堂 1、中堂 2

中堂作为古代大户人家必备的空间，不仅是家里待客的场所，也是逢年过节祭奠祖先、举办重要仪式所在的场地。经典的中堂布局是在室内最内侧摆一张大的翘头案，左右两边的高花架上放置花瓶，条案下面通常会放一张八仙桌，左右两边摆放两把太师椅。如果空间足够大，左右两边还可以摆放成对的太师椅、皇宫椅等，供主客落座。

通过这样隆重的布局也能看出中堂是大户人家的门面。

○ 茶室1

○ 茶室2

● 茶室 1、茶室 2

　　月洞门一般是茶室的标配，而本案红木定制的月洞门博古架能更好地贴合空间，做到因地制宜。
站在门前，淡淡的茶香早已飘到门外；于茶海前端坐，好似将高天青云揽入怀中，天籁之音浅唱低吟；
闭目浅饮，好似清泉在山谷间流淌，茶香袅袅沁人心脾！

◎ 餐厅

● 餐厅

中国人的中国圆，是美好的团圆符号，是独特的审美偏好。

作为餐厅中心的圆形餐桌象征着团圆美满，无论是材质的触感、切割的手法，还是纹路的肌理都彰显了餐厅的庄重高雅。同色系的餐椅加强了空间的节奏感和秩序性，边缘光滑圆润，增加实用性的同时也凸显了主人的品位。当佳肴配上红木材质，食物的美味与空间的韵味相互映衬，让人胃口大增。

○ 卧室1

○ 卧室2

● 卧室1、卧室2

　　卧室大床精雕仙鹤纹样，鹤为羽族之长，自古被称为"一品鸟"，寓意长寿、富贵。定制的顶箱柜采用框架式结构，比现代工艺的家具更加牢固耐用，可拆分式柜体可以灵活摆放，雕花的柜门寓意吉祥如意，搭配精美铜件更为美观。

书香世家

　　"枕上诗书闲处好，门前风景雨来佳。"这是一套沉稳大气、富有书香气质的别墅，以酸枝色为主，利用雕刻、绘画等方式进行装饰。红木沙发配以素雅的棉麻软抱枕，刚柔相济，变身为一件造型典雅的艺术品。质感深沉的红木，更有历史沉淀感和神秘感，更能体现业主对于中国传统文化的追求，非常适合个性沉静稳重的人士。

○ 客厅1

○ 客厅 2

○ 客厅 3

● **客厅 1 ~ 客厅 3**

客厅选用新中式的装修风格，卷书沙发组合将中式家具娴静高雅的气质展现无遗，寿字纹沙发背景墙装饰宏伟大气。吊顶呈正方形，中间用粗木划分为规整的方格，内嵌精美的圆形雕花，天圆地方的中式古典风格神形兼备。雕花屏风后是一个小小的茶室，精致而幽静。

○ 书房1

● 书房 1、书房 2

组合式书桌陈列整齐，尽显端庄，博古架上摆放的各色珍奇古玩充满雅趣。悠闲的时候与三五好友讨论一下文学更是一种精神层面的享受，传承传统文化就应该在这样的书房里。

一间雅致的书房最能滋养一个人的审美情趣与艺术气息。或临帖，或品茗，在一方书房中，伴着春山夜雨，忘却人生的烦恼、身心的疲惫。

○ 书房2

○ 餐厅 1

○ 餐厅 2

● 餐厅 1、餐厅 2

花格是中式风格空间中使用率最高的装饰元素，不仅可以作为空间隔断、墙面硬装，还具有特殊的装饰效果。比如这间餐厅用木质花格做成墙面装饰，让整个空间更具古韵，形式更加新颖别致。

璧月堂

本案将时尚与经典、内蕴与大气共融为独特的东方美学气质。在中国古代，文人雅士的精致生活离不开琴、棋、书、画、诗、酒、茶，而在当代嘈杂的社会环境下，也有很多人希望能停下来享受悠闲的慢生活。那么本案就很适合这类群体，整体氛围惬意而唯美。典雅庄重的风格借鉴了明清风格中的大气稳重，规避繁杂的同时降低了传统中式风格中的厚重感，保留端庄沉稳的韵味。

○ 客厅1

● 客厅 1 ~
客厅 4

挑高的客厅敞亮大气，抬头望去，一面深雕牡丹的雕花屏风，气势十足。中间是一套豪华大气的红木宝座沙发，从二楼往下望更是一派精致和娴雅。

○ 餐厅1

○ 卧室1

○ 餐厅2

● 餐厅1、餐厅2

　　餐厅用屏风相隔，将中国园林中的梅花花窗运用到屏风造型上，唯美而灵动。简洁而挺拔的餐椅，充满生气的绿植，色彩活泼的软包，精美的灯饰，营造出一派活色生香的聚餐氛围。

○ 卧室 2

○ 卧室 3

○卧室4

○卧室5

● **卧室 1 ~ 卧室 5**

　　功能布局合理的主卧室，包含了窗前的榻榻米休闲区、红木大床组成的睡眠区、通过博古架隔开的化妆区，以及靠窗边的衣帽间。凭卧室内的一张躺椅还可以享受一个人的自由与舒适，享受这份独立而悠闲的美妙。

听香园

"山气花香无着处，今朝来向画中听。"红木的纹理、产地、用途都是为人们所津津乐道的，然而，红木的气味是让人感受很深却常常被忽视的细节。在中国人的审美中，"听香"听的是香品散发出的香气。红木作为木中的王者，成材的时间一般少则百年，多则上千年，在漫长的生长过程中，红木从大自然积蓄、贮存了大量的灵气和能量，使它们独特的香气持久而隽永，不知不觉中沁入心脾。

○ 客厅1

○ 客厅2

● 客厅 1 ~ 客厅 3

恢宏大气的客厅整齐地排列着气质高贵的红木沙发，款式经典，自带淡淡的书卷气。沙发背景墙两侧的水波纹木质格栅设计给空间增添了一丝灵动。以山水绵延的浮雕作品作为修饰，山林清新之意萦绕空间之中，雅致古典。

○ 客厅 3

○ 茶室

● 茶室

　　茶室与餐厅之间用红木屏风柜相隔，既增强了空间之间的沟通，又提供了收纳功能，简单而大气。古朴而稳重的中式茶台经过叠色处理尽显优雅。

○ 餐厅 1　　　　　○ 餐厅 2　　　　　　　　　　○ 餐厅 3

● 餐厅 1 ～ 餐厅 4

　　定制的大餐桌可以满足多人用餐的需求。圆形餐桌与圆形吊顶相互呼应，寓意团团圆圆。红木材质的酒柜、护墙板和定制门将一室雅香定格于木色之间，暗香浮动。亲朋好友举杯围聚，诗酒人生，让亲情在这一刻肆意流淌。

○ 餐厅 4

○ 卧室 1

○ 卧室 2

● 卧室 1 ~ 卧室 3

充满了中式韵味的卧室能够让人瞬间沉静下来，刚柔并济、冷暖搭配、线条明快，散发出浓郁的东方古典文化气息，营造出一个极富中式美学的生活空间。

○ 卧室3

○ 衣帽间

● 衣帽间

红木衣帽间给人的第一感觉就非常惊艳，即使经过时间的洗礼，它仍风华依旧、气度依然，其原因是用料和工艺的细致，才使其在时光的长河里始终绽放光芒。

古朴雅致风

山园小梅 ◎ 曲径 ◎ 微花 ◎ 玉楼春

山园小梅

　　"疏影横斜水清浅，暗香浮动月黄昏。"正是古人推崇的悠远意境。一个温馨的家，采用古朴雅致 的设计风格，能让家人身处其中时有回归自然之感， 回归到生活原始的简单悠然中，更为直接地感受到大自然所赐予的温暖、简单和舒适。一榫一卯、一物一器，处处诗意、件件典雅，尽精微、致广大，犹如在现代的时空中展开一场与古人的对话。

○ 中堂1

● 中堂 1、中堂 2

　　入户的中堂使用明式经典款式，采用深色的紫光檀材
质及对称式布局，天花与地面相互呼应，定制木作部分和
定制家具与白色的墙壁、灰色的地板相对比，禅意悠悠，
极具古典韵味。

○ 中堂 2

○ 餐厅 1

● 餐厅 1、餐厅 2

　　餐厅延续了中堂的古朴雅致之风，优雅舒展的梳背餐椅与温柔敦厚的圆餐台之间，一疏一密，充盈与灵动相结合。天花和展示柜则使用了中国传统的花格点缀，为餐厅增加了一抹浪漫气息。

○ 茶室1

● 茶室 1、茶室 2

　　茶室空间采用干泡茶
台，更加简约，明式的茶
桌椅更加洗练，定制的茶
柜集展示与收纳于一身。
一卷书、一炉香、一盏茶，
醇香的茶汤中酝酿的是那
一份古朴的意境。或独坐
幽思，或三五好友把盏畅
叙，俯仰间尽是悠然自得。
以茶为引，一场发人深省
的禅意之旅就这样徐徐
铺开。

茶室2

○ 客厅1

○ 客厅2

● **客厅1、客厅2**

客厅把根植于中国传统文化的书籍、书法、山水雕花、博古架、文竹等古典艺术元素和现代设计语言完美结合，演绎出一种高雅与悠远的气质。这些元素本身既能散发出历史的传统气息，又能呈现出不失意蕴和内涵的时代感，充分满足业主期盼"诗礼传家"的家风代代相传的美好追求和愿望。

○书房1

○书房2

○ 卧室

● 书房 1、书房 2、卧室

书房与卧室之间通过屏风相隔，起到隔而不断的效果，
既显得空间开阔又能合理划分区域，还能在视觉上显得素
雅而宁静，心灵的港湾由此而生。

曲径

　　"庭院深深深几许，杨柳堆烟，帘幕无重数，玉勒雕鞍游冶处，楼高不见章台路。"本案非常讲究曲径通幽以及空间的层次感，依据住宅使用人数和私密程度的不同，需要做出分隔的功能性空间，一般采用垭口或简约化的博古架来分隔，在需要隔绝视线的地方，则使用中式的屏风或窗棂，通过这种新的分隔方式，单元式住宅便展现出中式家居的层次之美。

○ 客厅1

○ 客厅 2

● 客厅 1 ～ 客厅 3

红木十件套沙发是客厅的主角，明式家具中经典的鼓腿彭牙座椅、卷书靠头造型饱满，秀雅文气之美自然流露。入墙的圆形博古架展现出立体美感。从墙壁到地面，整个客厅的装饰细节力求体现东方含蓄内敛之美。

○ 茶室1

○ 茶室 2

● **餐厅、茶室 1、茶室 2**

　　茶室与餐厅相邻，利用红木定制的博古架相隔，尽显通透之美。木作制品纹理交错，结构细腻而均匀，给人最直接的感受是温暖、素朴、舒适、洁净，更能起到安抚人心的作用。

○ 书房 1

○ 书房 2

○ 书房 3

● 书房 1 ~ 书房 3

　　书房采用明式书桌搭配官帽椅，定制的书柜美观大气，与桌椅协调统一。三屏风独板围子罗汉床，通体不加雕饰，风骨内藏，器型为明式家具中经典的鼓腿彭牙式。在书房里，书香与木香交融，诉说着桃花源般的清雅，道尽了返璞归真的心境。

○ 衣帽间1

○ 衣帽间2

● **衣帽间 1、
衣帽间 2**

　　红木定制的衣帽
间，精工细作，雕刻入
微，功能布局合理，尽
显雍容华贵。

○ 卧室1

● 卧室 1 ～ 卧室 3

　　卧室中的红木家具，是与人体直接触碰的。俗语有"人养木，木养人"之说，人与木久处，木的灵性也会反哺于人，人的身心都会得到极大的抚慰。

○ 卧室2

○ 卧室3

微花

　　"一花一世界，一草一天国。"中国文化有见微知著的智慧，这也是本案的精妙所在，四方皆是妙笔，处处可见精微。在装修的过程中除了功能的实现外，还要营造出空间的内涵和气韵，正所谓"最是书香能致远"。当人与空间产生了某种精神共鸣后，空间就不再是一个纯粹的物质存在，书香之气也超出了装饰物的范畴，变成了空间的灵魂和支点，也能更好地符合业主对精神文化更深层次的追求。

○ 中堂1

○ 中堂 2

○ 中堂 3

○ 中堂 4

● 中堂 1 ～ 中堂 6

本案使用大量的明式家具。明式家具被誉为世界家具的巅峰，是人类共同的文化财富，明朝的文人士大夫亦参与到家具的设计中，从而上升到由器入道、道器结合的境界。明式家具同时受到儒、道、禅等各种思想的影响，并将这些思想应用到家具里。中国的明式家具是永久的时尚，因为它经过历史的沉淀，经过古人不断地探索、发展、创新，已经达到了至臻完美的境界。

● 中式榻榻米

中式的榻榻米不仅融合传统榻榻米的特点，还利用弯腿的炕几和整体的花罩进行装饰，与中堂的雅致书香之气更加协调。

○ 中式榻榻米

○ 书房1

○ 书房2

○书房3

● 书房 1 ~ 书房 3

书房与棋牌室设置在一起，一动一静，动静结合，体现了业主的情趣。

○餐厅

● 餐厅

圆形餐桌搭配经典的官帽椅与顶上的多边形天花相呼应，定制的餐边柜更为业主的佳肴增添一抹"文化气息"，体现出东方饮食之道、宴客之道。

● 卧室 1、卧室 2

红木大床、床头柜、床尾凳错落有致地摆放着，既有纯粹的精致感，亦有木材的温润感。衣柜、梳妆台和
红木背景墙观感别致，完美呈现了舒适、典雅的卧室氛围。

玉楼春

"绿杨烟外晓寒轻，红杏枝头春意闹。"色彩与情境融合碰撞，给予人心理上丰富多元的别样体验。本案立足于传统韵味，呈现出极为浓郁的东方情调。格调高雅、富丽堂皇的中式空间，采用缅甸花梨作为全屋整装的材料，用料上档次，呈现出的效果也是高级感十足。整体装修大气尊贵，软装搭配也展现出中式的灵气和韵味，让人沉浸在中式装修稳重、典雅的氛围中，感觉心旷神怡。

◎客厅1

○ 客厅 2

○ 客厅 3

● 客厅 1 ~ 客厅 3

　　客厅作为家中的"颜值担当"，充分展现了中国美学的充盈之美，既有古色又有新意。红木花格的天花、红木垭口、红木博古架以及经典红木家具，整体气势让人震撼，尽量奢华富贵之风。

○ 餐厅 1

○ 餐厅 2

○ 餐厅 3

● 餐厅 1 ~ 餐厅 3

餐厅入门处是定制的红木酒柜，配以精美的新中式铜件，软装的搭配也强化了华贵和温馨氛围。墙上由红木包边的刺绣花鸟图案清新文雅，勾勒出浪漫意境，使整个用餐空间充满了诗情画意。

○ 茶室

● 茶室

客厅的一侧是茶室，与奢华的客厅相比，茶室多了一份悠然自得，不追求过多的装饰，而在于宁静祥和，适合家人朋友之间的小聚。

○ 玄关

● 玄关

传统的中式装修风格讲究空间的层次感，这与中国传统伦理观念息息相关。在中式装修风格中，通常采用垭口、简约化的博古架、中式屏风或者窗棂来进行空间划分，表达对清雅含蓄、端庄沉稳的东方式精神境界的追求。

○ 卧室1

○ 卧室2

● 卧室 1、卧室 2

步入卧室，简洁的红木架子床呈现出典雅的氛围，清雅平和的整体色调，使卧室有如一个优雅、舒适的艺术空间。

肆 简朴清逸风

清幽别苑 ◇ 花步小筑 ◇ 方正 ◇ 信步闲庭 ◇ 回归

清幽别苑

　　"朴素而天下莫能与之争""美淡然无极而众美从之"。人们对简朴轻逸风格的追求可以说已经达到了透彻了悟的高度。本案致力于打造出饱含诗情画意以及悠闲淡然之感的生活空间，在这样的环境里品茶聊天，人与物、人与景之间，都有一种"无画处皆成妙境"的悠远之感，传达出"一实一虚一万物，一空一白一天地"的美学。

○客厅　1

○客厅 2

客厅 1 ~ 客厅 3

在客厅的设计上，采用简约的红木家具、拙朴的花格门窗、别致的布艺软装、清丽的小景摆件等，并没有使用过于精致硬朗的材质和过于细腻的工艺手法，只以简单质朴的方式来体现，如采用白墙或水泥墙面、地面以表现朴拙的自然氛围。未经油漆和打蜡的红木材质也是营造质朴清逸气质的不二选择。

○客厅 3

○餐厅 1

○餐厅 2

○餐厅 3

● 餐厅 1 ~ 餐厅 3

　　在餐厅的设计上同样推崇简约的自然美，崇尚自然、结合自然，才更能在当今高科技、快节奏的社会生活中获取生理和心理上的平衡。在用材上不追求奢华，更贴近原始，既有自然清新之美，又有田园雅趣，同时在艺术上达到新的境界。

○卧室 1

○卧室 2

● 卧室 1、卧室 2

　　打造简朴清逸的风格通常不会使用造价过高的材质，这是一种接受面广、各个年龄段的人都喜欢的设计手法。装饰时在保留传统的中式家具制式的基础上，叠加时尚的颜色和花纹，或者加以做旧处理，在彰显个性表现的同时，又保留传统中式的韵味，完全不会让人感受到传统中式风格所带来的中正和拘谨，反而给人一种简朴并具有文化底蕴的感受。

花步小筑

"从来湖上胜人间，远爱浮云独自还。孤月空天见心地，寥寥一水镜中山。"此景描绘的是一个空灵廓落的世界，是一个灵气往来的空间。本案是一栋多层别墅，采用开放式的空间划分，使视野开阔。空间之间使用简洁的屏风来连接，起到隔而不断的作用。原木材质的自然肌理配合简洁柔和的线条，让平淡的墙面展现出沉静舒展的气度，体现了大美无言，大象无形的意境。室内外空间相互交融贯通，空间层次整洁而洗练，给人带来朴实、安逸、闲适的自然体验。

○ 客厅1

○ 客厅 2

○ 客厅 3

● 客厅 1 ~ 客厅 3

在客厅的设计上，使用简洁整齐的定制茶柜、韵律感十足的电视墙。沙发采用了由禅椅和罗汉床组成的新中式沙发，整个空间层次分明、清爽硬朗，给人带来宁静平和的意境。

墙面采用留白处理，充分体现了大道至简的文化内涵，看似简单纯净的设计，含蓄而低调地表现出业主对世间的理解，水墨画的使用使整个空间的文化氛围更浓烈。

◎ 茶室 1

◎ 茶室 2

○ 茶室 3

● 茶室 1 ～ 茶室 3

　　古人崇尚天人合一，而茶室之境恰恰迎合了这份惬意，于一隅茶室里，参禅悟茶意。这种惬意，大概足以平息所有的浮躁了吧。当茶室撞上最具中式传统的家具，再搭配上一套别致的茶具，这种悠然山水间的雅，不显压抑，却显雅逸。删繁去奢，迎来素雅，窗边设置的禅椅带来了禅之意境，正是冥想打坐的好去处。

○ 柜子

○ 屏风

● 柜子、屏风

客厅中定制的柜子和屏风均以简洁洗练的线条为主，加上虚与实的结合、曲与直的对比，赋予静谧的空间以灵动感。红木表面采用免漆处理，以烫蜡工艺来表现自然的纹理、内敛的气息。

○ 卧室 1

○ 卧室 2

● 卧室 1 — 卧室 3

在卧室的格调和氛围定位上，呈现出雅致素简的空间感受。
开放式的衣柜和简洁明了的新中式大床遵循自然之美，不夸张、
不做作，简单与安静正是卧室应具备的氛围。

○ 卧室 3

方正

本案在空间布局和定制家具设计上，均采用简练硬朗、横平竖直的线条，让空间加倍纯粹。这种简练而流畅的线条使用，让空间既高级又高雅，渲染出静、雅、和、贵的气场，配上柔和的色调、宜人的红木材质，将中式的韵味展现到极致。特别是整木定制的柜体方正朴直，让中式气息愈加浓厚。

○客厅1

○ 客厅 2

○ 客厅 3

● 客厅 1 ~ 客厅 3

　　客厅里白色、米色等柔和色调的运用，能给人带来安静放松的感受。红木整装定制的书柜采用藏与露相结合的设计，新中式沙发硬朗方正，营造出一个怀幽思远、静水流深的家居氛围。

○ 餐厅 1

○ 餐厅 2

● 餐厅 1 ~ 餐厅 3

　　餐厅和厨房使用通透的定制移门进行分隔，方形餐桌能容下多人就餐，酒柜营造出温馨浪漫的氛围，让人可以轻松愉悦地用餐。

○ 餐厅 3

○ 卧室1

○ 卧室2

● 卧室1、卧室2

卧室中的装饰简约素雅，不同的材质肌理，不仅打造出优雅美好的经典质感，亦丰富了空间层次。

大量实木家具的运用，塑造出精简造型。如同水墨画中的写意笔触，率性、洒脱，勾勒出禅意空间的气韵与情致。

信步闲庭

　　"漠漠轻寒上小楼，晓阴无赖似穷秋，淡烟流水画屏幽。"色彩清和、雅淡，在室内空间运用这样的设色手法能有效地营造出静美、深幽的意境氛围。本案是多层别墅，为营造富有中式韵味的意境，引入自然之景，墙体、天花以灰白色为主，活动家具和定制家具色彩偏中和。造型设计上非常简练，秉持"少即是多"的设计理念，构图上注重直线和曲线的交互、方与圆的对立统一。使用中式风和现代风相结合的新中式家具，去除冗余的元素和繁复的花纹装饰，一切都是恰到好处。为了追求风格的统一，在家居搭配上多采用木质材料，进行样式的相互映衬。

○客厅1

○ 客厅2

● 客厅1、客厅2

客厅选用淡雅的色彩，以天然的材质、利落的线条，以及贯穿其中的"天圆地方"的概念，来渲染空间的文化意蕴，达到一种宁静致远的状态。

在需要遮挡视线的地方，使用中式屏风进行分隔，体现层次之美。再搭配简洁的造型和中式元素，让空间变得更丰富，既显得有格调，又不会让人感觉太压抑。

○ 玄关

● 玄关

入户的玄关就像乐曲中的引子，点明主题，承接下文。正中摆放一套经典的新中式条案，比例和尺度恰到好处。定制的鞋柜与窗户浑然一体，既节省了空间又美观大方。

○ 茶室1

○ 茶室2

● 茶室1、茶室2

　　茶室采用低矮的茶凳彰显质朴亲切之感，整体定制的博古架、茶柜沉稳大气。空间主张摒弃浮华，化繁为简，无需任何过度的修饰，只要一杯清茶、一本好书、一件器物，再或者几幅山水悠然的画作，便能塑造出空间的意境之美，为业主打造一方宁静之所。

○ 餐厅1

○ 餐厅2

○ 厨房

● 餐厅1、餐厅2

餐厅与茶室相连，餐桌与餐椅采用红木材质，矩形的餐桌设计能够满足多人同时进餐。餐厅靠墙的一面，摆上一幅带有中国特色的山水屏风，格调更显高雅。矩形的吊顶设计让整个餐厅的用餐氛围更加浓厚。

● 厨房

厨房使用红木定制厨柜，高档美观、纹路自然，给人返璞归真的感觉。

○ 卧室 1

○ 卧室 2

● 卧室 1、卧室 2

卧室以灰白色与原木色相结合，平淡素雅、清新隽永、雅致不俗。床头背景墙选用水墨字画，又用素雅的地毯与之呼应，典雅的房间氛围一下被烘托出来。每当夜幕降临，灯光亮起，整个房间更显温馨、舒心。

回归

本案融合了简约硬朗的明式元素和东方禅意元素，再与现代家居需求相结合，达到寓情于景、情景交融的境界。并且，在细节上还借鉴了许多中式园林的设计元素，体现的是清新高雅的格调，注重的是文化的积淀，讲究的是气质与韵味，强调的是点、线、面的精巧，追求的是整个空间的意境。

○ 中堂 1

○ 中堂 2

○ 中堂 3

● 中堂 1 ～
中堂 3

中堂空间通透明亮，整体陈设的是明式家具，并采用木质屏风划分空间。虽然很少有事物能够在长达几百年的时间里长盛不衰，但明式家具却具有这样的魅力，如今看来仍然时髦，备受欢迎。

○ 客厅1

© 客厅 2

○ 玄关

● 客厅 1、客厅 2

客厅紧邻中堂，与中堂相互呼应，隔而不断，同时又与餐厅以博古架作为隔断。新中式红木沙发的造型既借鉴了明式家具的设计元素，又结合了现代人的审美和生活需求。清冷的大理石墙面和富有禅意的花卉在空间中激荡碰撞，空间的雅致和通透被层层渲染开来。

● 玄关

玄关采用明式条案三件套，造型大方，比例适度，轮廓简练舒展，榫卯结构科学合理，坚实牢固。

餐厅

● 餐厅

餐厅中央摆放的大圆桌，同样采用新中式设计的手法，以底蕴深厚的传统文化为出发点，在继承与发扬的基础上又适当融入简练的现代设计语言，从而给传统家居文化注入了新的元素，使之变得更加简约和实用。

○ 茶室

● 茶室、天井庭院 1、天井庭院 2

　　茶室和天井庭院，阳光、绿植和木质家具结合的明媚空间，能够让在都市里生活的人们离自然更近，也更健康舒适。"清逸起于浮世，纷扰止于内心"，使业主感受到家的安宁。

○ 天井庭院 1

○ 天井庭院 2

香梅居

"疏是枝条艳是花，春妆儿女竞奢华。"现代中式风格把传统中式风格与现代家居装饰的美学理念完美地结合在一起，既满足现代人的生活习惯，又保留一些传统的韵味。现代中式风格的红木家具定制，在外观上去除了繁复的雕花、多样的线角，以及各种复杂的造型，以直线条、方形为主，同时在材质的选用上更加多元。除了木元素外，还增加了现代材料的运用，丰富了空间的艺术表现形式。

○ 客厅1

● 客厅 1、客厅 2

客厅中虽去除了复杂烦琐的设计，却保留了整体空间布局讲究对称的特点，这种对称不只局限于传统中式家具的简单对称，还在局部空间布局上，以对称的手法营造出中式家居沉稳大方、端正稳健的氛围。

◎ 客厅2 ▶

○ 玄关 1

● **玄关 1、玄关 2**

　　玄关处的中式屏风，造型上通过简单的几何形状排列组合，反映出融合现代风格所具有的独特传统韵味，同时，明式家具中几案的复杂装饰也被简化成纯粹的几何体，符合现代快节奏的审美情趣。

○ 玄关2

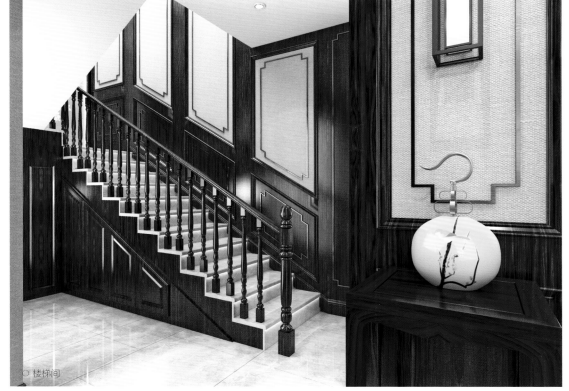

○ 楼梯间

● 楼梯间

楼梯构件，扶手、体柱和栏杆均采用上好的木材，木质的肌理与木质护墙板相得益彰，使整个空间呈现出一种温柔的质感。

○ 餐厅 1

○ 餐厅 2

○ 餐厅 3

● 餐厅 1 ～ 餐厅 3

餐厅中间放置了一张精致的圆餐桌，搭配着温馨的灯光，尽显奢华的气质。右侧整装定制的酒柜与左侧的定制护墙板相互呼应，坐在此处用餐，尽享一种别致的优雅意境。

○ 卧室 1

○ 卧室 2

● 卧室 1、卧室 2

新中式风格的卧室线条硬朗、色调明快、造型简洁，符合现代人的生活习惯和审美需求。设置在阳台的新中式茶桌可以让主人在卧室品茗休憩。

栖子堂

"栖子妙今道已成，手把玄枢心运冥。"本案努力打造诗意的栖居环境。在中式生活美学和新装饰风格的影响下，当代中式风格讲究"形神兼备"，既要满足现代人生活、审美需求，也要充分体现传统中式风格的典雅风韵。

○ 客厅 2

○ 客厅 3

● 客厅 1 ～ 客厅 3

客厅严格对称的布局在视觉
上给人稳定、和谐的感觉，木质
家具与木质边框的呼应相得益彰，
简明方正的线条排列有序，展现
出空间的全部功能和美感。

○ 书房 1

● **书房 1 ~ 书房 3**

　　书房中简约方正的书桌及边柜演绎出木材的温润质感，弯曲的座椅线条勾勒出思考的身影，圆镜山水画配合盆景，给人一种平和的愉悦感，仿佛身心回归自然。

○ 书房2

○ 书房 3

○ 餐厅1

○ 餐厅2

● 餐厅1、餐厅2

餐厅部分设计成开放式的格局，使空间中的每一个角落都有充分的光照。圆形餐桌给人以圆满的暗示，营造出一派主客围坐的温馨气氛，三杯两盏道尽深情厚意。

○ 卧室 1

○ 卧室 2

● 卧室 1、
卧室 2

卧室宽敞又不失温馨，整体红木装饰将古典气质彰显得惟妙惟肖，背景墙中的花卉图案清新脱俗，一装一饰的风雅之处极负古典盛名。阳台摆放的摇椅自然温馨，业主在此休息时可以一边发呆一边沐浴阳光，享受生活的美好。

古韵流芳

　　"桃之夭夭，灼灼其华，之子于归，宜其室家。"婚姻家庭是传统文化中的重要话题，在本案中处处体现出业主对于婚姻幸福、家庭和睦的期许。在造型上，以简单的直线条表现中式的古朴大方；在色彩上，采用柔和的中性色调，给人优雅温馨、自然脱俗的感受，仿佛家人之间自然而然的亲切感。

○ 客厅1

○ 客厅2

● **客厅 1 ~ 客厅 6**

客厅中定制的电视柜采用现代平面构成的设计手法，比例协调、层次分明，上面陈设着业主珍藏的小物件，令人赏心悦目。沙发背景墙的屏风与之相互呼应，显得空间稳重大气。新中式的沙发更加宽大、舒适，线条也更加硬朗，与整体空间搭配协调。

在采光最好的客厅阳台上，特别设置了一个新中式茶台，造型圆润敦厚，是三五知己聊天品茶或一个人静思的悠闲之地。

○ 客厅3

○ 客厅4

○ 客厅5

○ 客厅6

○ 餐厅1

○ 餐厅2

● 餐厅 1、
　餐厅 2

　　餐厅中线条简洁的
中式圆桌和靠背椅的组
合，删繁就简，落落大方，
平时一家人可以围坐圆
桌吃饭，相比方桌更能
拉近家人之间的距离。
沉稳雍容的定制酒柜非
常耐看，不显单调的同
时，兼具古典艺术氛围。
中式家装风格搭配红木
家具，让整个家居空间
瞬间提升了档次。

○ 卧室 1

● 卧室 1 ～ 卧室 4

　　主卧的设计散发出浓郁的艺术气息，一幅清雅的白描画作为背景墙，高贵沉静。新中式风格的大床与床尾凳简约而不简单，整体感十足的定制衣柜实用而大气。窗边定制的榻榻米成为点睛之笔，坐在此处喝喝茶、看看书，愉悦身心，有着前所未有的轻松感。

○ 卧室 2

○ 卧室 3

○ 卧室 4

静墨

都说最美不过中国风，而有一种中式美学是将传统的中式元素与现代艺术相互融合，以一种全新的方式打造独具韵味的家居空间，强调以静为动，极具意境。而本案正是以此为设计灵感，以"静墨"为主题的家居设计让传统中式元素碰撞现代时尚造型设计，碰撞出的流畅线条营造出一个静谧而温馨的空间。

○ 客厅1

● 客厅 1 ~ 客厅 3

客厅中深褐色的家具、流畅的线条、充满设计感的顶灯造型，皆是古典与时尚的碰撞美。

线条所带来的层次感，让整个空间简洁温馨，古典韵味自然流露。

● 玄关、走廊

玄关与客厅之间使用镂空雕花屏风相隔，既满足了采光的需要，又增加了空间的韵律感。

○ 茶室1

○ 茶室2

● 茶室 1、茶室 2

　　茶室与客厅相连,使空间更具有层次感和跳跃感。定制的博古架陈列了青花瓷、紫砂壶等工艺品,使中国文化的意味更加浓郁。

　　在空间装饰上多采用简洁硬朗的直线条,如包垭口、天花线条等。直线装饰在空间中的使用不仅反映出现代人追求简单生活的居住要求,更迎合了中式家具追求的内敛、质朴的设计风格,使新中式风格更加实用、更富现代感。

○ 餐厅 1

○ 餐厅 2

○ 厨房

● 餐厅 1、餐厅 2、厨房

将实用美观的餐厅与厨房紧密相连，形成一个开放式的烹饪就餐空间。开放式的厨房营造出温馨的就餐环境，让居家生活的贴心快乐从清早开始就伴随着全家。红木的温润与黄铜的精致，充分展示出质朴高雅的气质，圆形餐桌增添转盘让用餐更加便捷，高品质的布艺坐垫雅致又舒适。

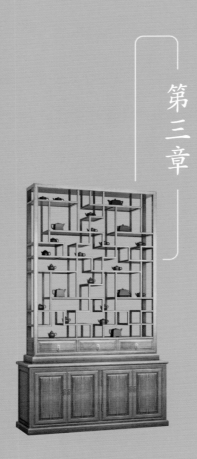

第三章

红木家具

构件

壹 博古架

当空间需要强调观赏性以及陈设的展示性时，博古架便应运而生了。博古架在空间中的设置可分为如下四种方式：

一是立于开间处，比如客厅与餐厅之间，有玲珑剔透、隔而不断的感受，使空间在宽敞明亮的同时，又增加了形式上的美感。

二是立于墙壁前，可以使素色墙壁显得不单调，同时也反映出业主的审美和高雅的文化气质。

三是立于垭口处，它是承上启下、条理清晰的标志，为室内增添秩序感和层次感。

四是镶嵌于墙体中，在起到画龙点睛作用的同时，使空间整体性更强，并给冰冷的墙面带来温暖。

○ 玄关博古架
两侧柜：70 cm×30 cm×250 cm
中间柜：140 cm×30 cm×270 cm

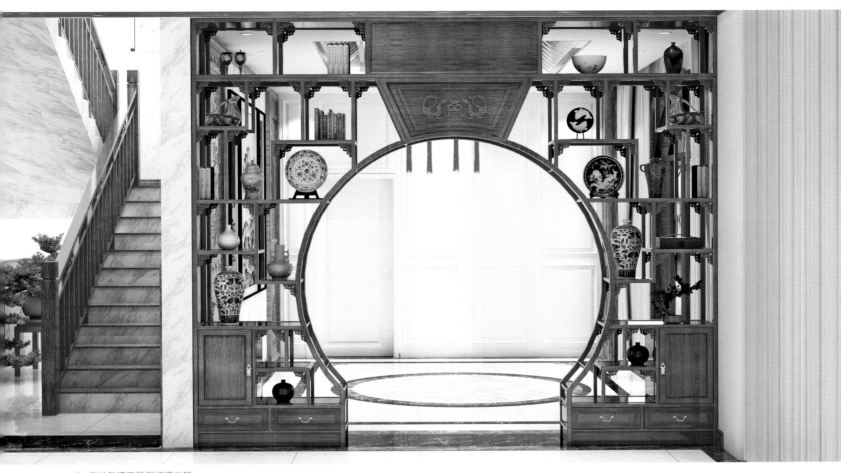

○ 玄关包垭口月洞门博古架
380 cm × 35 cm × 320 cm

○ 客餐厅间隔博古架
540 cm × 38 cm × 260 cm

○ 玄关博古架
270 cm × 35 cm × 270 cm

○ 茶室包垭口博古架
300 cm × 38 cm × 280 cm

○ 茶室背景墙博古架
138 cm×35 cm×270 cm（一对）

○ 茶室包垭口博古架
320 cm × 35 cm × 270 cm

○ 沙发背景墙博古架
350 cm×35 cm×280 cm

○ 餐厅包垭口月洞门博古架
400 cm × 35 cm × 270 cm

○ 茶室背景墙博古架
138 cm×35 cm×260 cm（一对）

○ 茶室背景墙博古架
98 cm×35 cm×260 cm（一对）

○ 隔厅博古架组合
720 cm × 35 cm × 260 cm

○ 隔厅三组合博古架
320 cm × 35 cm × 210 cm

○ 隔厅博古架
200 cm×35 cm×240 cm

○ 茶室一组合博古架
300 cm×35 cm×210 cm

○ 茶室三组合博古架
396 cm×35 cm×198 cm

○ 隔厅博古架
240 cm × 35 cm × 270 cm

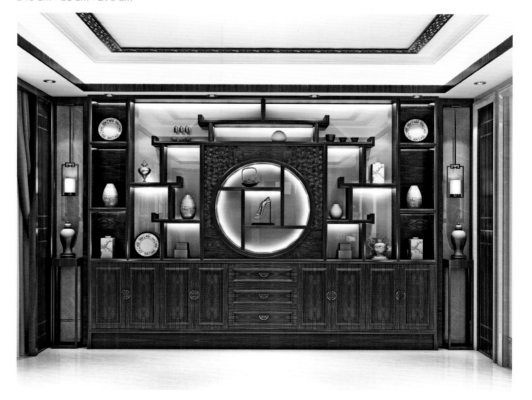

○ 沙发背景墙博古架
368 cm × 35 cm × 270 cm

○ 包垭口博古架
98 cm×35 cm×260 cm（一对）

○ 包垭口博古架
320 cm×40 cm×245 cm（含门）

○ 茶室博古架
470 cm × 365 cm × 280 cm

○ 拱形博古架
180 cm×38 cm×270 cm

○ 餐厅包垭口月洞门博古架
350 cm×38 cm×280 cm

○ 茶室背景墙博古架
左侧柜：98 cm×35 cm×260 cm（一对）
右侧柜：130 cm×35 cm×260 cm（一对）

贰 屏风

红木整装在空间的划分上讲究层次感，通过移步换景的设计手法让平铺直叙的空间顿添律动和韵味，而屏风就是其中重要的设计元素之一。屏风一般陈设于室内的显著位置，起到分隔、美化、挡风、协调等作用。它与红木家具相互辉映、相得益彰、浑然一体，成为中式家居装饰中不可分割的组合，呈现出和谐之美、宁静之美。

屏风不仅能呼应整体的设计风格，还能增加家居空间的私密性，起到隔而不断、曲径通幽的视觉效果。其在意境营造上时而缥缈，时而唯美，时而灵动，时而硬朗，制造出若隐若现的光影效果，使空间视觉更具延展性，还散发出亦古亦今的层次之美。在家中定制一扇美丽的屏风，就好像为端庄的女子蒙上面纱，能够增添几分优雅、娇媚。

○ 包埠口屏风
310 cm × 270 cm

○ 玄关屏风
60 cm×260 cm（一对）

○ 梅花纹、龟背纹、四簇云纹、寿字纹、万字纹花格屏风

○ 隔厅大屏风

500 cm × 40 cm × 210 cm

○ 百福隔厅大屏风

393 cm × 60 cm × 250 cm

○ 包垭口屏风
380 cm × 270 cm

○ 包垭口屏风
320 cm × 270 cm

○ 包垭口屏风
450 cm × 240 cm

○ 包垭口屏风
250 cm × 260 cm

○ 四扇折屏（单扇）
45 cm×198 cm

○ 四扇折屏（单扇）
45 cm×198 cm

○ 坐屏
120 cm×198 cm

○ 福字雕花屏风组合
340 cm×260 cm

○ 玄关梅花纹屏风
140 cm×280 cm

○ 卧室雕花屏风
198 cm×300 cm

○ 屏风组合
360 cm × 260 cm（左侧）

○ 端景台屏风
260 cm × 240 cm

○ 茶室背景墙屏风
280 cm × 240 cm

○ 电视背景墙屏风
200 cm × 260 cm

○ 包垭口屏风
450 cm × 260 cm

○ 寿字纹雕花屏风组合
450 cm × 260 cm

○ 玄关柜祥云屏风
150 cm × 45 cm × 260 cm

○ 玄关雕花屏风
138 cm × 38 cm × 215 cm

○ 隔断屏风

70 cm×4 cm×280 cm（每扇）

叁 书柜

中式空间的打造不在于有多么奢华，而在于能否赋予空间文化底蕴。红木书柜就在其中扮演了关键角色，它既起到收纳、展示的作用，又以红木家具特有的型、材、艺、韵四个方面，成为空间的支点，让家不再流于表面，进而表达业主对精神文化更深层次的追求。

红木定制书柜的使用功能更强大，空间搭配更协调，空间更显庄重大气、雅致古朴。

○ 三组合书柜
320 cm×38 cm×210 cm

○ 酸枝木材书柜
320 cm × 38 cm × 210 cm

○ 团圆书柜组合
480 cm × 48 cm × 280 cm

○ 转角书柜组合
460 cm×200 cm×240 cm（占地尺寸）

○ 梅兰竹菊书柜组合

330 cm × 38 cm × 218 cm

○ 缅花木材三组合书柜

两侧柜：55 cm × 38 cm × 210 cm

中间柜：180 cm × 38 cm × 210 cm

○ 大红酸枝木材书柜组合
98 cm×38 cm×198 cm（一对）

○ 博古架款式书柜组合
148 cm×38 cm×240 cm（一对）

○ 酸枝木材定制书柜组合
550 cm × 38 cm × 270 cm

○ 刺猬紫檀木材书柜组合
270 cm × 38 cm × 210 cm

○ 刺猬紫檀木材书柜组合
330 cm × 38 cm × 260 cm

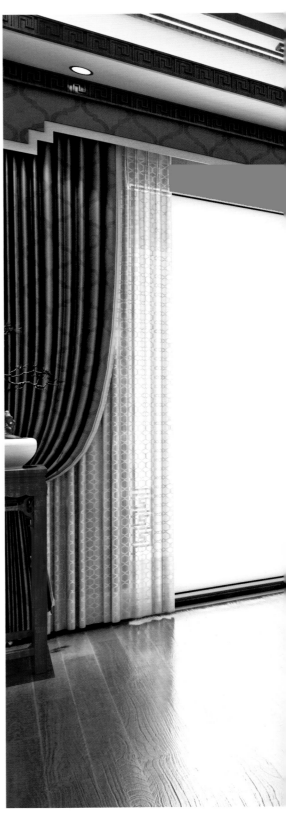

○ 大果紫檀木材书柜组合
480 cm × 40 cm × 280 cm

○ 转角组合书柜
右侧柜：580 cm × 38 cm × 280 cm
左侧柜：380 cm × 38 cm × 280 cm

○ 酸枝木材书柜组合
500 cm × 38 cm × 280 cm

○ 大果紫檀木材书柜组合
400 cm × 38 cm × 260 cm

◎ 大果紫檀木材书柜组合
450 cm × 38 cm × 250 cm

○ 刺猬紫檀木材书柜组合
540 cm×38 cm×360 cm

○ 刺猬紫檀木材书柜组合
540 cm×38 cm×240 cm

○ 刺猬紫檀木材书柜组合
508 cm×38 cm×260 cm

○ 刺猬紫檀木材书柜组合
380 cm×38 cm×260 cm

196

○ 整体书柜
350 cm × 290 cm × 280 cm

肆 衣柜及衣帽间

东方美学不只有空灵之美，也有充盈之美。红木定制衣柜及衣帽间展现的就是充盈之美，飘逸柔和的木纹、温润如玉的触感、醇厚温和的木香，还有栩栩如生的雕花，既赋予空间浪漫和华美，又给人带来沉静而不呆板、舒展却不张扬的视觉感受。特别是布满山水纹的面板增添了灵动的气息，挺拔而硬朗的框架结构充当了画框的角色，动与静之间达到完美的统一。而封闭柜门与开放架格之间疏密有致的排列，形成虚与实的统一，产生了音乐般的节奏韵律感。红木定制衣帽间除了满足用户对衣帽间储物的功能性需求以外，更强调的是其艺术性，它不仅仅是一件家具，还是一件艺术品，彰显业主独一无二的气质与品位。

○ 电视柜衣帽间套柜
380 cm×60 cm×280 cm

○ 轻奢缅花木材定制衣帽间
288 cm×278 cm×250 cm（占地尺寸）

○ 现代中式衣帽间
680 cm×300 cm×260 cm（占地尺寸）

○ 推拉门衣柜
左侧柜：280 cm×60 cm×260 cm
右侧柜：340 cm×60 cm×260 cm

○ 刺猬紫檀木材定制衣帽间
580 cm×300 cm×260 cm（占地尺寸）

○ 春夏秋冬深雕定制衣帽间
360 cm×260 cm×260 cm（占地尺寸）

○ 酸枝木材定制衣帽间
520 cm×200 cm×260 cm（占地尺寸）

○ 酸枝木材定制衣帽间
300 cm×200 cm×260 cm（占地尺寸）

○ 缅甸花梨木材定制衣帽间
420 cm×280 cm×280 cm（占地尺寸）

○ 推拉门圆角衣柜
240 cm × 60 cm × 270 cm

○ 电视柜衣柜组合柜
450 cm × 60 cm × 260 cm

○ 缅甸花梨木材定制衣帽间
520 cm×420 cm×260 cm（占地尺寸）

○ 花鸟图案定制衣柜
300 cm×60 cm×260 cm

○ 酸枝木材衣帽间
400 cm×200 cm×260 cm（占地尺寸）

○ 刺猬紫檀木材定制衣帽间
410 cm×160 cm×270 cm（占地尺寸）

○ 电视柜衣柜组合柜
400 cm×60 cm×280 cm

○ 组合衣柜
360 cm×60 cm×260 cm

○ 雕花大果紫檀木材定制衣帽间
480 cm×240 cm×270 cm（占地尺寸）

伍 酒柜

红木酒柜已经成为餐厅中一道不可或缺的风景，其本身的质感与不同色彩的美酒相得益彰，可使餐厅增添不少华丽的色彩，在节省空间的同时，也为就餐时光营造出浪漫的氛围和情调。红木酒柜大多高而长，这是山的象征，矮而平的餐桌则是水的象征，在餐厅中有"山"有"水"，配合得宜，引人注目。

红木酒柜在结构上可分为装饰性构件和功能性构件：装饰性构件常用的有楣板、大梁、廊桥以及中式的博古格、雕花等；功能性构件包括杯挂、平酒架、躺酒架、斜格酒插、井格酒插等。红木酒柜具有避光、避震等专业储酒功能和展示作用，放在餐桌旁也兼具餐边柜的功能，如果搭配吧台又可供宾客与主人品酒、聊天等。

○ 隔厅组合酒柜
320 cm×40 cm×210 cm

○ 酸枝木材定制组合酒柜
360 cm×40 cm×260 cm

○ 三组合酒柜
360 cm × 40 cm × 260 cm

○ 三组合酒柜
320 cm × 40 cm × 260 cm

○ 三组合酒柜
360 cm × 40 cm × 260 cm

○ 酸枝木材定制组合酒柜

中间柜：160 cm×45 cm×80 cm

两侧柜：98 cm×38 cm×198 cm

○ 酸枝木材定制组合酒柜
380 cm × 40 cm × 260 cm

○ 餐边柜酒柜组合柜
360 cm×38 cm×260 cm

○ 餐边柜酒柜组合柜
460 cm × 38 cm × 260 cm

○ 刺猬紫檀木材组合酒柜
320 cm × 38 cm × 260 cm

○ 刺猬紫檀木材五组合酒柜
450 cm × 38 cm × 260 cm

○ 玻璃柜门酒柜
320 cm × 38 cm × 260 cm

○ 圆角酒柜组合
360 cm × 38 cm × 260 cm

○ 玻璃柜门酒柜
420 cm × 38 cm × 260 cm

○ 三组合酒柜
250 cm × 38 cm × 280 cm

红木家具全屋定制

○ 新中式酒柜
340 cm × 40 cm × 258 cm

陆 厨柜

厨房作为制作美食的空间，首先一定要考虑食品的安全问题，而红木定制的厨柜用材自然环保，且以榫卯方式连接，不但可以避免有害物质的产生，而且红木所特有的木香也能让人食欲大增。厨柜一般分为整组连装和独立柜体两种，一般独立柜体的厨柜比整组连装的厨柜牢固性要更好一些，而红木整装的厨柜就采用独立柜体结构，其使用寿命和稳定性要更长、更优一些。厨柜的台面一般采用人造石台面，好的人造石台面较贵，使用寿命也较长，不容易开裂变形；而劣质的、便宜的台面在使用过程中容易出现变形和发黄，使用寿命也会缩短。

○ 刺猬紫檀木材厨柜
430 cm × 350 cm × 230 cm
（占地尺寸）

○ 刺猬紫檀木材厨柜
500 cm × 200 cm × 260 cm（占地尺寸）

○ 欧式厨柜
550 cm × 50 cm × 260 cm（占地尺寸）

○ 刺猬紫檀木材厨柜
400 cm × 60 cm × 260 cm

○ 紫檀木材厨柜
500 cm×350 cm×260 cm
（占地尺寸）

○ 刺猬紫檀木材厨柜
350 cm×350 cm×260 cm
（占地尺寸）

○ 开放式厨房厨柜
630 cm×270 cm×260 cm（占地尺寸）

○ 开放式厨房厨柜
380 cm × 330 cm × 260 cm
（占地尺寸）

○ 刺猬紫檀木材厨柜
430 cm×350 cm×260 cm（占地尺寸）

○ 酸枝厨柜
454 cm × 368 cm × 260 cm

○ 开放式厨房厨柜
380 cm × 330 cm × 260 cm（占地尺寸）

柒 玄关柜及鞋柜

玄关最根本的用途是作为室内外的一个衔接和转换的空间，其作用可以从美观、功能等角度来诠释。过去中式民宅推门可见的影壁，就是现代家居中玄关的前身。中式建筑讲究含蓄内敛，有一种"藏"的精神，影壁就是一个很好的体现，不但使外人不能直接看到宅内人的活动，而且利用影壁在门前形成一个过渡性的空间，为来客指引方向，也给主人一种领域感。从外观上讲，玄关是家的门面，它可以体现业主的气质、品位、喜好以及生活方式。而干净整洁的室内环境也可以让我们下班回家卸去一身疲惫，完全放松。对于现代居室来说，收纳等功能性是最为重要的，比如在玄关处可以换鞋、拿取钥匙和提包等物品，还可以对镜穿衣、充当临时挂衣区、放置婴儿车等物品。

○ 五福雕花鞋柜
240 cm × 38 cm × 280 cm

○ 祥云鞋柜
330 cm × 38 cm × 280 cm

○ 刺猬紫檀木材鞋柜
360 cm × 38 cm × 260 cm

○ 大果紫檀木材鞋柜
320 cm × 38 cm × 260 cm

○ 酸枝木材鞋柜
200 cm × 38 cm × 240 cm

○ 酸枝木材鞋柜
180 cm × 38 cm × 240 cm

○ 酸枝木材鞋柜
左侧柜：180 cm×40 cm×260 cm
右侧柜：153 cm×40 cm×260 cm

○ 酸枝木材鞋柜
180 cm × 40 cm × 280 cm

○ 回纹鞋柜
153 cm × 40 cm × 260 cm

○ 刺猬紫檀木材鞋柜
左侧柜：198 cm×38 cm×248 cm
右侧柜：98 cm×38 cm×248 cm

○ 四门鞋柜
200 cm×38 cm×248 cm

○ 玄关组合柜
两侧柜：100 cm × 38 cm × 280 cm
中间柜：330 cm × 38 cm × 280 cm

○ 鞋柜
280 cm × 38 cm × 260 cm

○ 五门鞋柜
280 cm × 38 cm × 280 cm

○ 刺猬紫檀木材鞋柜
320 cm × 38 cm × 280 cm

○ 博古架鞋柜
左侧柜：60 cm × 38 cm × 260 cm
右侧柜：210 cm × 38 cm × 260 cm

捌 电视背景墙

在室内装修中，一般电视机摆放的位置是这个屋子的视觉中心，是最具特色的一个地方，也是进门后的视觉焦点。红木定制电视背景墙能很好地凸显业主的情趣与审美水平，又能与室内其他红木元素相呼应。使用红木作为主要材料来定制电视背景墙，可以做成浮雕、透雕、博古架、木花格、屏风、护墙板等造型，品种、花色繁多。在材质的搭配上，可以与大理石相结合显得大气而厚重，与壁纸相结合又显得靓丽而浪漫，与文化石相结合则充满了文艺气息。当坐在沙发上时，眼前尽是红木的色泽、肌理所带来的美感，带给人心灵上的沉静和舒适。

◎ 黑枝木材电视背景墙
450 cm × 35 cm × 280 cm

○ 博古架电视背景墙
500 cm × 35 cm × 600 cm

○ 新中式电视背景墙
380 cm × 35 cm × 280 cm

○ 新中式电视柜
460 cm × 35 cm × 260 cm

○ 酒柜电视背景墙
360 cm × 38 cm × 260 cm

○ 木花格电视背景墙
450 cm × 260 cm

○ 博古架电视背景墙
400 cm × 35 cm × 280 cm

○ 雕花电视背景墙
450 cm × 550 cm
244

○ 书柜电视背景墙
520 cm × 35 cm × 260 cm

○ 木花格电视背景墙
450 cm × 260 cm

○ 木花格电视背景墙
430 cm × 260 cm

○ 木花格电视背景墙
460 cm × 260 cm

○ 东非酸枝木材电视柜
400 cm × 40 cm × 270 cm

○ 梅花纹月洞门电视背景墙
460 cm × 270 cm

○ 博古架电视柜
280 cm×40 cm×210 cm

○ 护墙板电视背景墙
520 cm × 288 cm

○ 书柜电视背景墙
450 cm × 38 cm × 240 cm

○ 书柜电视背景墙
500 cm × 38 cm × 240 cm

玖 吊顶

红木吊顶在室内装饰中一般属于配角地位，表现上比较中规中矩，要求可与红木全屋定制很好地搭配。客厅一般采用方形吊顶与红木沙发相呼应，而餐厅通常采用圆形吊顶与红木圆台相呼应。如果是偏新中式的装修风格，可以使用木线条来勾勒轮廓，赋予空间层次感。如果是偏传统式的装修风格，且房屋面积偏大一些的，则还可以在吊顶设计木质通花、浮雕、木质横梁造型、边角造型，以及较为复杂的藻井式造型。

○ 客厅吊顶
400 cm × 400 cm

○ 客厅吊顶
380 cm × 500 cm

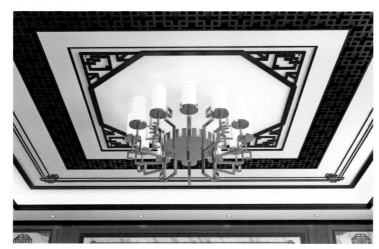

○ 客厅吊顶
450 cm × 400 cm

○ 客厅吊顶
480 cm × 400 cm

○ 客厅吊顶
800 cm × 600 cm

○ 客厅吊顶
500 cm × 400 cm

○ 客厅吊顶
450 cm × 500 cm

○ 客厅吊顶
400 cm×600 cm

○ 走廊吊顶
150 cm×500 cm

254

○ 走廊吊顶
120 cm×580 cm

○ 中堂吊顶

550 cm × 400 cm

乾泰堂

仁智勇玄恬淡逍遥

修齐治平福田心耕

○ 中堂吊顶
600 cm×1000 cm

○ 餐厅吊顶
500 cm × 450 cm

○ 餐厅吊顶
350 cm × 350 cm

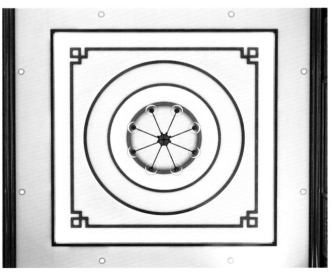

○ 餐厅吊顶
380 cm × 380 cm

○ 茶室吊顶
520 cm × 280 cm

○ 茶室吊顶
500 cm × 450 cm

○ 茶室吊顶
500 cm × 350 cm

○ 主卧吊顶
380 cm × 400 cm

拾 楼梯

红木定制的楼梯属于高档选材，其密度高、硬度强、寿命长、经久耐用。红木楼梯具有天然独特的纹理、柔和的色泽，脚感舒适、冬暖夏凉，并且是天然的绿色材料，因此在高端定制市场上占有率很高。红木楼梯摒弃钢结构、玻璃材质楼梯的冰冷感，其散发出的是一种典雅、华美却蕴含古朴的天然气质。尤其是红木的表面处理工艺，既要保证光洁、整平，又要显出木质纹理，给人亲切自然之感。

○ 中式花格楼梯

● 注：由于楼梯尺寸差异较大，需依据具体空间尺寸规划，本小节仅展示造型，不做尺寸标注。

○ 立柱式弧形楼梯

○ 带楼梯柜整体楼梯

○ 带楼梯柜整体楼梯

○ 楼梯间的栏杆造型

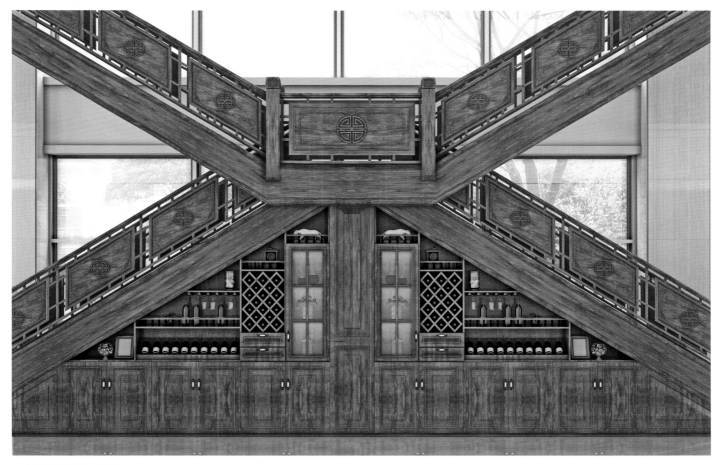

○ 红木护墙板整体式楼梯

○ 黄铜与红木结合的楼梯

○ 镂空木栅栏造型楼梯

○ 酸枝色楼梯

○ 菱形造型楼梯

○ 回纹花格楼梯

○ 点缀吉祥文字图案的楼梯

○ 古朴的原木楼梯

拾壹 榻榻米

榻榻米一直有收纳神器的美名，也渐渐成为小户型卧室装修时的选择。榻榻米的底部是空心的，可以创造超大的收纳空间，也可以辅助收纳形状不规则、大体积的物品，是收纳设计的重要手段之一。

榻榻米一般由木材制成，所以在选择榻榻米时一定要挑好材料。板式榻榻米由于材料限制必然会含有大量的胶，那么甲醛的危害就不可避免了，因此，在做榻榻米时最好选择红木材质的。红木定制的榻榻米具备无污染的特点，再加上红木小炕几或博古架和整体的花罩进行装饰，可以与空间的雅致书香之气融为一体。

○ 中式榻榻米
210 cm × 150 cm × 280 cm

○ 主卧榻榻米
300 cm × 200 cm × 260 cm

○ 客厅榻榻米
300 cm × 150 cm × 265 cm

○ 书房榻榻米
300 cm × 98 cm × 41 cm

○ 主卧榻榻米
350 cm×60 cm×260 cm

○ 飘窗榻榻米
370 cm×52 cm×270 cm

○ 客厅榻榻米

300 cm × 150 cm × 260 cm

○ 儿童房榻榻米
280 cm × 150 cm × 266 cm

图书在版编目（CIP）数据

红木家具全屋定制 / 蒲剑著. — 南京：江苏凤凰
美术出版社, 2022.11
　ISBN 978-7-5741-0289-7

　Ⅰ.①红… Ⅱ.①蒲… Ⅲ.①红木科－木家具－制作
Ⅳ.①TS664.1

　中国版本图书馆CIP数据核字(2022)第198114号

责任编辑	龚　婷
责任校对	孙　悦
责任监印	生　嫄
策划编辑	翟永梅
封面设计	毛欣明

书　　名	红木家具全屋定制
著　　者	蒲　剑
出版发行	江苏凤凰美术出版社（南京市湖南路1号　邮编：210009）
总 经 销	天津凤凰空间文化传媒有限公司
总经销网址	http：//www.ifengspace.cn
印　　刷	天津图文方嘉印刷有限公司
开　　本	710mm×1000mm　1/8
印　　张	34
版　　次	2022年11月第1版　2022年11月第1次印刷
标准书号	ISBN 978-7-5741-0289-7
定　　价	298.00元

营销部电话　025-68155675　营销部地址　南京市湖南路1号
江苏凤凰美术出版社图书凡印装错误可向承印厂调换